U0252055

2.0

TANZHONGHE SHIDAI
SHENGCUN SHOUCE

碳中和时代
生存手册

老C　中伍　小叶 / 著

中国环境出版集团 · 北京

图书在版编目（CIP）数据

碳中和时代生存手册/ 老C，中伍，小叶著.-- 北
京 : 中国环境出版集团，2022.8
ISBN 978-7-5111-5221-3

Ⅰ. ①碳… Ⅱ. ①老… ②中… ③小… Ⅲ. ①二氧化
碳－节能减排－研究－中国 Ⅳ. ①X511

中国版本图书馆CIP数据核字(2022)第136450号

出 版 人　武德凯
责任编辑　丁莞歆
责任校对　薄军霞
装帧设计　金　山

出版发行　中国环境出版集团
　　　　　（100062　北京市东城区广渠门内大街 16 号）
　　　　　网　　址：http://www.cesp.com.cn
　　　　　电子邮箱：bjgl@cesp.com.cn
　　　　　联系电话：010-67112765（编辑管理部）
　　　　　　　　　　010-67147349（第四分社）
　　　　　发行热线：010-67125803，010-67113405（传真）
　　　　　印装质量热线：010-67113404
印　　刷　北京中科印刷有限公司
经　　销　各地新华书店
版　　次　2022 年 8 月第 1 版
印　　次　2022 年 8 月第 1 次印刷
开　　本　880×1230　1/32
印　　张　6.25
字　　数　100 千字
定　　价　49.00 元

中国环境出版集团郑重承诺：
中国环境出版集团合作的印刷单位、材料单位均有中国环境标志产品认证。

序 言

  2020 年 9 月 22 日，国家主席习近平在第七十五届联合国大会上郑重提出：中国二氧化碳排放力争于 2030 年前达到峰值，努力争取 2060 年前实现碳中和。这意味着作为世界上最大的发展中国家，中国将完成全球最高碳排放强度降幅，用历史上最短的时间实现从碳达峰到碳中和。这将带来经济社会的系统性变革，不仅需要企业参与，更需要公众参与。

  碳达峰、碳中和目标的确定像是一声号角，碳市场闻声开市，掀起了公众参与碳中和的热潮，低碳环保成为主流新风尚。中国能源经济结构也将迎来深刻变革，从而为各类低碳技术的发展提供广阔的空间。低碳技术的发展一方面降低了社会发展对化石能源的依赖，另一方面增加了对低碳技术相关资源的需求，对各个行业都产生了深远影响。各大企业应声而动，纷纷宣布碳中和行动计划，争做行业低碳"领跑者"。中国承诺的实现从碳达峰到碳中和的时间远远短于发达国家所用的时间，因此将面临巨大挑战。我们必须拥有全球视野，积极参与国际合作，为保护我们的共同家园、实现人类的可持续发展作出贡献。

  "一分钟扯碳"系列漫画把"让天下没有难懂的低碳科学"作为奋斗目标，以"有趣、有料、严谨、搞笑"的形式传播气候变化的硬核知识，让广大公众以相对轻松和愉悦的形式科学、准确地掌握碳减排、碳中和的必要知识与技能，并逐步意识到低碳、零碳与自身息息相关，自己举手投足间都与碳排放有着千丝万缕的联系，从而做好准备，提前应对碳中和时代的到来。

"一分钟扯碳"系列漫画创立于 2020 年 12 月，目前在微信、微博、《人民日报》客户端、抖音、B 站等平台同步连载，作品得到粉丝和专家的广泛好评。在《人民日报》客户端首发的"一分钟扯碳"科普漫画获得封面推荐，成为最受关注的"两会"条漫，累计阅读量达 140 万。"一分钟扯碳"人民号在《人民日报》客户端一年一度优秀创作者评选中获得"2021 年度优秀自媒体创作者"。

2021 年出版的首本漫画合集《一分钟扯碳——碳达峰、碳中和，你想知道的全都有！》通过有趣的漫画讲述了碳中和、碳达峰、碳市场及碳金融等专业知识，详细介绍了各种温室气体的特征及低碳能源的应用，解读时事热点，剖析低碳趋势，是低碳知识入门的必备资料。作为老少皆宜的漫画读本，该书一经推出，好评如潮，让读者在轻松愉快的氛围中学习低碳知识、提高环保意识。

本书是"一分钟扯碳"系列漫画的第二本精华集成，分为"青铜篇""白银篇""黄金篇""王者篇"四个部分，将是个人和企业决胜碳中和时代的"秘密武器"。其中，"青铜篇"带领读者体验碳中和时代的各种场景，提前预览碳中和时代的升级规则；"白银篇"带领读者了解制胜碳中和时代的关键金属资源，速览碳中和时代的顶级装备；"黄金篇"带领读者穿梭碳中和时代的行业企业，学习碳中和时代的打怪技能；"王者篇"带领读者学习联合国政府间气候变化专门委员会（IPCC）等国际组织的前沿报告，鸟瞰碳中和时代的国际顶峰。

作者

2022 年 3 月

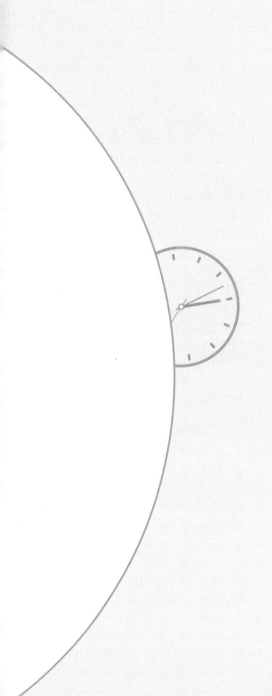

一分钟扯碳与蔚蓝地图联合出品

转载合作：zhiyeshuzhan@163.com

本书内容得到蔚蓝地图的大力支持！

目

录

青铜篇

白银篇

黄金篇

王者篇

青铜篇

零碳号-2050

[本篇故事数据主要参考国际能源署（IEA）
报告及相关研究成果]

穿越到碳中和时代是一种怎样的体验?
——负碳电力

在 2021 年的扯碳工作室,为碳中和事业奋斗的小叶遇到了来自 2050 年的"零碳喵"——小碳。

为了感谢您在实现碳中和道路上的不懈努力,特邀您参加 2050 碳中和世界一日游活动。

呃……一只……猫?

在小碳的带领下,小叶瞬间穿越到了 29 年后的碳中和时代。

欢迎来到2050年的扯碳工作室!碳中和时代建筑标配,了解一下?

哇塞~

控温玻璃　恒温家具

光合屋顶　碳汇墙砖

在减碳黑科技的加持下,全球 85% 的建筑在碳中和时代已达成零碳排放。

这么多黑科技!建筑零碳一定实现了!

差不多吧。全球已有八成多的建筑实现了零碳排放。

85%
建筑
零碳

零能耗建筑的实现与全球电力供需体量和供给方式的空前飞跃密不可分。

2020—2050 年的 30 年间，全球电力需求量由 2020 年的 26.8 万亿度 *
跃升至 71.2 万亿度，电力在最终消费总量中所占的份额由 20% 上升
至 49%。

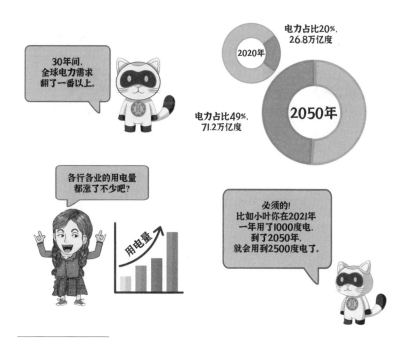

---

* 1度即1千瓦时。

每个家庭都有一个中央数据智能处理中心，

负责家庭所有数据的收集、分析、处理，并为主人提供时时服务。

交通行业电力占比份额也有大幅提升，

各类车辆不同程度地实现了电动化。

碳中和时代虽然电力需求剧增，
但二氧化碳却转为负排放，由 135 亿吨转为 - 4 亿吨。

负排放是如何实现的呢？

---

* CCUS是Carbon Capture，Utilization and Storage的缩写，即碳捕集、利用与
封存，指将CO_2从工业、能源利用或大气中分离出来直接加以利用或注入地层，
以实现CO_2减排的过程。

大气中的二氧化碳（CO_2）进入生物体，生物质燃烧发电后又释放出二氧化碳，这些二氧化碳被捕集、提纯、加压后注入地质层永久封存，相当于把大气中的二氧化碳封存在地下，这就是负排放。

在满足节节攀升电力需求的同时实现二氧化碳净零排放的过程中，可再生能源的广泛使用、创新升级功不可没。

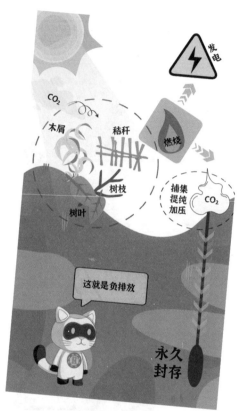

可再生能源发电用了 30 年的时间成功逆袭，
完全接手了化石能源的发电份额，成为发电领域的新"BOSS"。

碳中和时代，智能电力追溯系统已成为日常生活中不可或缺的一部分。
用能储电一目了然，尽在掌握。

电力追溯系统，方位方式全知道，助您零碳每一天。

在 2050 年的碳中和时代，随着可再生能源在发电领域大展拳脚，
电力供给方式呈现出多元多地、智能协调的特征。

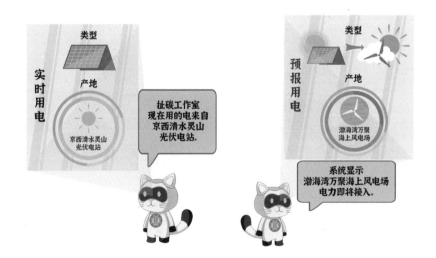

多种多样的电力供给途径大大降低了可再生能源电力供给的波动性。

从 2020—2050 年的电力生产来看，太阳能、风能、水能、氢能、核能的供电量均有不同幅度的上升。无论是从供电量还是从供电占比来看，化石燃料均有大幅下降。

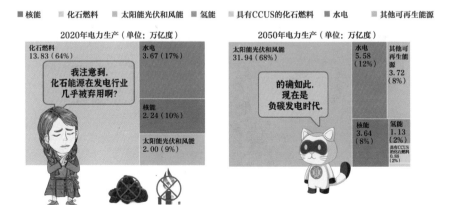

在建筑供热、工业用热和交通运输等领域，化石燃料依然保持约 10% 的份额。

总体来看，太阳能光伏和风能的发电体量增幅最大、发电份额提升最快，发电占比由 2020 年的 9% 跃升至 2050 年的 68%。

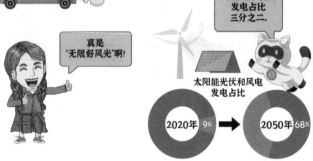

可再生能源的水力发电占比略有下降，由 2020 年的 17% 降至 2050 年的 12%。除了可再生能源，氢能发电实现了零的突破，发电占比由 0 上升至 2%。

末端分布式家庭电网也是 2050 年电力系统的生力军。
每家每户都能发电、用电和储电。

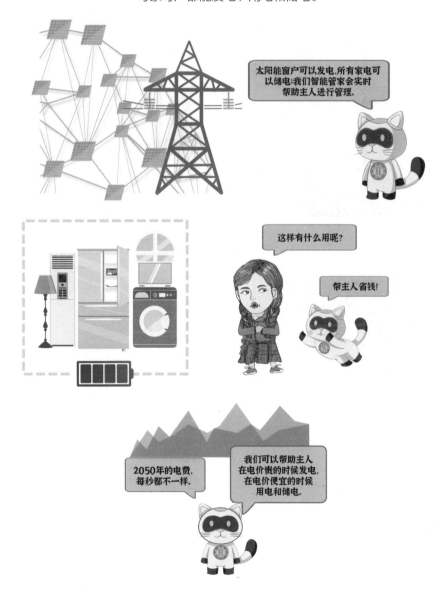

太阳能窗户可以发电,所有家电可以储电:我们智能管家会实时帮助主人进行管理。

这样有什么用呢?

帮主人省钱!

2050年的电费,每秒都不一样。

我们可以帮助主人在电价贵的时候发电,在电价便宜的时候用电和储电。

2050 年拥有太阳能光伏发电
装置的家庭数量是 2020 年的
10 倍。

2020年电力消费（单位：万亿度）

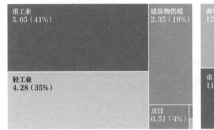

重工业
5.05（41%）

轻工业
4.28（35%）

建筑物供暖
2.35（19%）

烹饪
0.51（4%）

2050年电力消费（单位：万亿度）

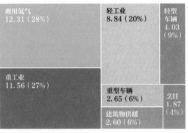

商用氢气
12.31（28%）

重工业
11.56（27%）

轻工业
8.84（20%）

轻型车辆
4.03（9%）

重型车辆
2.65（6%）

建筑物供暖
2.60（6%）

烹饪
1.87（4%）

■ 轻工业　■ 轻型车辆　■ 商用氢气　■ 建筑物供暖　■ 烹饪　■ 重工业　■ 重型车辆

长期的季节性储能技术在提高可再生能源利用效率的同时
减少了电能消耗，因而更为绿色、环保。

可爱的智能管家小碳就是 2050 年人们身边的"移动电源"。
采用空间充电方式随时补充电能的小碳，从来没有电力不足的烦恼。

2050 年碳中和时代的旅程才刚刚开始,

层出不穷的低碳黑科技已经让小叶眼花缭乱了。

世界那么大,总想去看看,更何况是 2050 年的未来世界呢!

就让我们跟小叶一起在零碳喵小碳的带领下,

一起去看看碳中和时代的世界吧!

参考文献:

[1] International Energy Agency. Net zero by 2050: a roadmap for the global energy sector [R/OL]. 2021. https://www.iea.org/reports/net-zero-by-2050.

[2] Liu Y L, Yu Y X, Gao N, et al. A Grid as Smart as the Internet [J]. Engineering, 2020 (6): 778-788.

[3] Kang M T, Thanikanti S B, Vigna K R, et al. Empowering smart grid: a comprehensive review of energy storage technology and application with renewable energy integration [J]. Journal of Energy Storage, 2021, 39: 102591.

[4] Dmitrii B, Manish R, Arman A, et al. Low-cost renewable electricity as the key driver of the global energy transition towards sustainability [J]. Energy, 2021, 227: 120467.

[5] Fereidoon S. Behind and Beyond the Meter [M]. F. Sioshansi: Academic Press, 2020.

碳中和时代的智能交通，
你敢想吗？

特特是无人驾驶电动汽车，不使用时会自动外出接单，
相应收入会自动存入主人账户。

碳中和时代，无线闪充，充电 5 分钟可行驶上万米。

电动汽车平时主要靠车顶的太阳能电池板持续充电，阴天和夜晚时可采用充电桩充电，只要 5 千米范围内有充电桩就可完成无线充电。

日常靠太阳

阴天　夜晚

充电桩
有效半径: 5千米

出发!

2050 年公交车和货车八成实现电动化，卡车六成实现电动化。

2050 年的交通碳排放量已经比 2020 年下降了 90%，摆脱了对石油的依赖，但还有约 1/10 是化石燃料。

2020－2050 年，全球重型卡车、海运和空运的排放量年均下降 6%，2050 年仍有约 5000 万吨的碳排放量。

小碳正在为小叶精准计算并优化出行碳排放量，以便最大限度地实现"近零"。如果能上零碳交通积分排行榜，还能获得"零碳交通券"（简称零碳券）呢。

获得的零碳券还可以享受全球范围内所有消费的打折、满减等优惠活动。

共享单车在骑行的时候相当于一个发电机，其内部的电池可以把产生的能量储存起来以供自动行驶使用。

悬浮滑板可以像魔毯一样悬浮在空中，距离地面 5 ～ 10 厘米。

太阳能电池板已成为路基的基本材料，在大部分路面和路边进行铺设，整个道路系统已成为发电系统。

光伏隔离带

光伏路面

这些都是充电的?

交通基础设施基本都实现了光伏化。

道路交通人均碳排放量

2020年	2050年
203克/千米	**3**克/千米

2020年道路交通人均碳排放量为203克/千米。2050年由于多使用电力供能，道路交通人均碳排放量下降至3克/千米。

道路交通人均碳排放量已下降了99%。

跟2020年的零头差不多。

2050 年，很多会议和商谈不需要把人们聚集到一个地方，而是通过创建一个虚拟空间，以提供全息会场和工作平台。

再来看看"空中胶囊"，它可以实现短程空中交通运输，就像是空中出租车。只要设定好飞行路径，系好安全带即可出发。

这是可伸缩式电动公交车，在乘客人数少时可以缩短车身，
减少路边空间，加快车辆流动。

高铁人均碳排放量

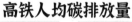

2020年
39克/千米

2050年
3克/千米

2020 年，高铁人均碳排放量是 39 克/千米。2050 年，高铁 100% 使用电力供能，人均碳排放量下降至 3 克/千米。

都市区 10 分钟通勤，城市群 20 分钟
通达，全国主要城市 30 分钟覆盖。

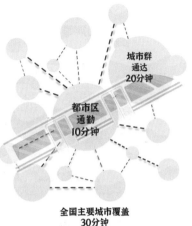

快递国内 1 小时送达，周边国家 2 小时送达，全球主要城市 3 小时送达。

2020 年，航空人均碳
排放量为 172 克 / 千米。
2050 年，航空人均碳
排放量下降至 43 克 /
千米。

航空人均碳排放量

2020年	2050年
172 克/千米	43 克/千米

航空领域主要使用燃料:
生物燃料(45%)
合成氢燃料(30%)

太阳能飞机的能量转换效率大大提升。

2050 年，氨和氢在海运能源消耗中占比 62%。

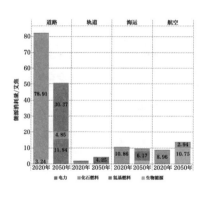

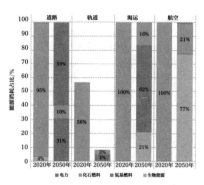

2020年全球运输能源消费（单位：艾焦）

2050年全球运输能源消费（单位：艾焦）

拿到零碳券究竟有怎样的福利呢?

参考文献

[1] International Energy Agency. Net zero by 2050: a roadmap for the global energy sector [R/OL]. 2021. https://www.iea.org/reports/net-zero-by-2050.

[2] Fulton L M. Achieving a Near-Zero CO_2 transportation system worldwide by 2050 [J]. International Encyclopedia of Transportation, 2021(1):353-358.

[3] Kathryn G L, John D N, Benjamin C M, et al. Japan and the UK: emission predictions of electric and hydrogen trains to 2050 [J]. Transportation Research Interdisciplinary Perspectives, 2021(10) 100344.

[4] Hui X, Charles S, Stephen S, et al. Alternative fuel options for low carbon maritime transportation: Pathways to 2050 [J]. Journal of Cleaner Production, 2021, 297: 126651.

[5] A future for hydrogen in European transportation [J]. Nature Catalysis. 2020(3): 91.

碳排放权

——妥妥的"硬通货"

欢迎来到零碳餐厅，本餐厅均采用低碳食材。

2020 年我国人均 GDP 11 万元，2050 年人均 GDP 21 万元，
增长了近 1 倍。

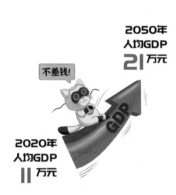

现在有钱已经不是社会地位的象征了，碳排放权才是!

碳排放权

碳排放权，即企业或个人依法取得排放二氧化碳的权利。

碳中和时代还要啥排放权?

虽然全球整体实现碳中和了，但还是有碳排放的。

全球碳中和 ≠ 全球零排放

剩下的碳排放会被碳汇和
CCUS 的负碳排放抵消掉。

2020 年的碳排放总量为 339 亿吨，2050 年的碳排放总量约为 19 亿吨。

碳普惠是个人低碳环保生活的具体表现。2050年，每个人都有碳账户，碳排放权可以用钱购买，也可以通过个人减排获得。

碳账户同时采用信用积分制，信用积分累计扣满 500 分就要去零碳个人信用中心接受零碳教育了。

碳税是针对二氧化碳排放征收的税费。以电力为例，每度电中有1%
的成本来自购买碳排放权。我们也要为企业成本埋单。

2025 年的碳排放权价格（碳价）不到 300 元 / 吨，
2050 年已经涨到 1300 元 / 吨。

如果与具有抵抗通货膨胀能力的黄金相比，
2050 年的碳价是 2020 年的 17 倍多呢！

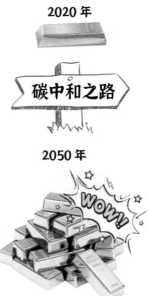

2050 年，所有企业只有购买碳排放权才能进行碳排放。
否则，就属于违法行为。

2050 年，全球 GDP 是 2020 年的 2.5 倍，碳价翻了 3 倍多。国家碳税收入的一部分会以每月红利的形式发放给公众。

2050 年，低排放和零排放的能源企业的盈利会大幅提升，仅仅靠卖碳排放权就赚得盆满钵满了。

2050 年对可再生能源和氢能的投资比
2020 年翻了近 5 倍，
对 CCUS 的投资翻了近 19 倍。

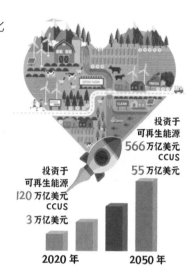

投资于
可再生能源
120 万亿美元
CCUS
3 万亿美元

投资于
可再生能源
566 万亿美元
CCUS
55 万亿美元

2020 年　　　　2050 年

2030 年，仅清洁能源领域的就业人数就增加了
1400 万人，2050 年更会翻番了。

2050 年，化石能源投资会
下降 75%，销售收入也会
降低 89%。

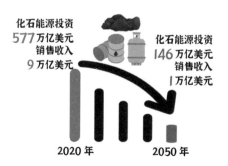

化石能源投资
577 万亿美元
销售收入
9 万亿美元

化石能源投资
146 万亿美元
销售收入
1 万亿美元

2020 年　　　　　2050 年

2050 年的单位 GDP 能耗是 2020 年单位 GDP 能耗的 1/3。

2050 年，油价和煤价均下降了 1/3 左右。

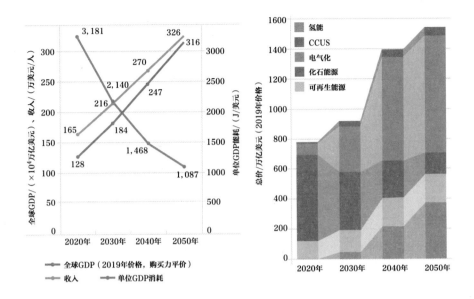

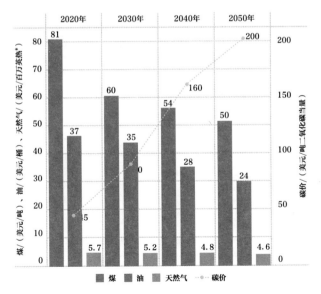

---

* 百万英热=1054.35焦。

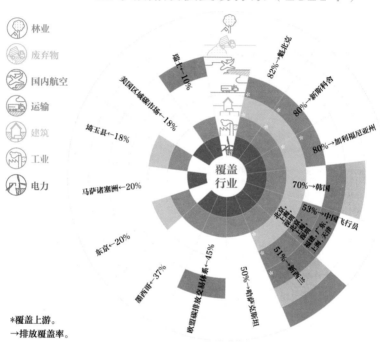

全球碳排放权交易体系（2021年）

林业

废弃物

国内航空

运输

建筑

工业

电力

覆盖行业

德→10%

美国区域碳市场←18%

埼玉县←18%

马萨诸塞洲←20%

东京←20%

圣西斯←37%

欧盟碳排放交易体系←45%

50%→哈萨克斯坦

51%→新西兰

北京、重庆、福建、广东、湖北、上海、天津

53%→中国飞行员

70%→韩国

80%→加利福尼亚州

80%→新斯科舍

82%→魁北克

*覆盖上游。
→排放覆盖率。

参考文献

[1] International Energy Agency. Net zero by 2050: a roadmap for the global energy sector [R/OL]. 2021. https://www.iea.org/reports/net-zero-by-2050.

[2] Pricing A C, For P. Achieving 2050:a carbon pricing policy for Canada [R]. 2021.

[3] IETA. Greenhouse gas market report[R]. 2020.

[4] The World Bank. State and trends of carbon pricing 2021[R]. 2021.

[5] Carbon Pricing Leadership Coalition. Draft report of the task force on net zero goals and carbon pricing[R]. 2021.

穿越未来会变得手足无措吗？

在实现碳中和的道路上，2020—2050 年有 55% 的累积减排量与公众的选择有关，如购买电动汽车，使用节能技术改造房屋或安装热泵。

其中，有 4% 的累积减排量与公众行为改变有关，如用步行、骑车或公共交通代替汽车出行，放弃长途飞行。

2030 年，在由公众行为改变带来的减排量中，有 46% 来自交通，37% 来自工业，17% 来自建筑。

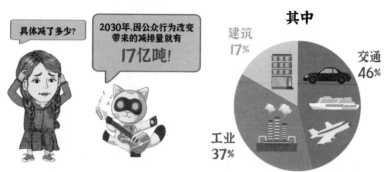

2050 年的减排量中，有近 90% 都来自工业，因为工业行业中的能源需求下降了。

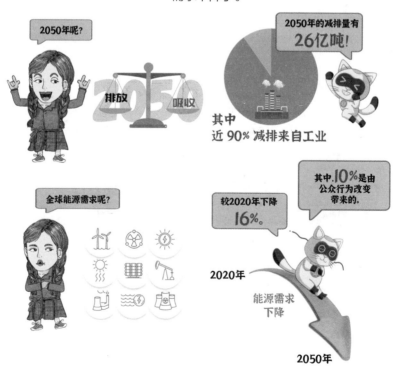

低碳行为抵消了能源需求的增长，尤其是在工业和交通领域。

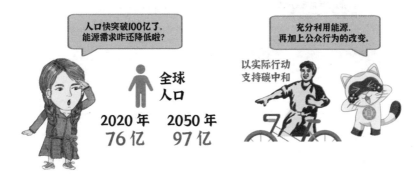

在公众行为不变的情况下，2050 年的碳排放量将增加约 26 亿吨。

开车出行转变为骑车、步行、拼车或乘坐公共汽车，此外还用高铁代替飞机。

骑车和步行会带来近 2000 万吨的减排量，拼车也会减排二氧化碳 1500 万吨。2050 年，由于公众行为的改变，预计 70% 的家庭没有私家车，20% 的家庭仅有一辆车。

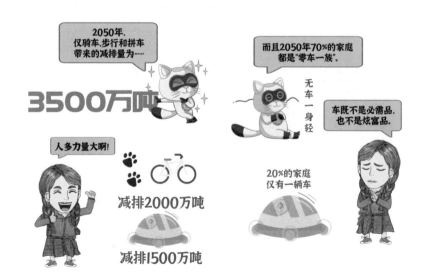

从共享单车到共享汽车，物尽其用。

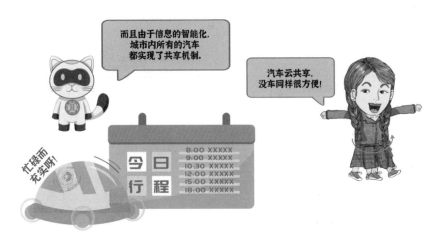

2020 年，中国高速公路的限速一般为 120 千米 / 小时，部分国家的限速为 130 千米 / 小时。为了控制污染物的排放和碳排放，荷兰从 2020 年起已经将大部分高速公路日间的最高车速降至 100 千米 / 小时。

未来还会有给碳中和汽车的各种专门优惠，如停车、行驶等，其便捷性、自由度"吊打"传统汽车。

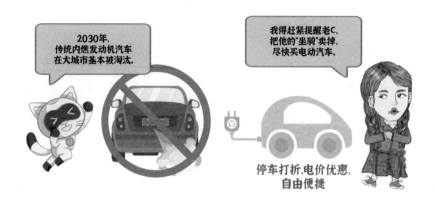

2030年，传统内燃发动机汽车在大城市基本被淘汰。

我得赶紧提醒老C，把他的"坐骑"卖掉，尽快买电动汽车。

停车打折、电价优惠，自由便捷

2050 年，有 17% 的短途航班（不到一小时）会转成超级高铁，这会带来 4500 万吨的减排量。公众行为的改变使航空排放量比没有行为改变时减少了 50%，航班数量减少了 12%。

如果公众行为没有改变，那么航空需求将会增长3倍。

我在2021年仍然看到航空需求快速增长的惯性。

现在国内长距离出行最受欢迎的交通方式可是高铁呢！

超级高铁取代短途航班减排量 4500 万吨

公众出行行为会显著影响航空排放量和航班数量

2050 年由公众行为改变带来的减排量中，交通行业占比 10%，
工业和建筑领域占比 90%。

工业领域的转变表现在提高回收率、减少对材料和能源的需求等方面。

2020 年全球塑料回收率不到 20%，2050 年增至 54%。

2050 年，对水泥和钢铁的需求减少了 20%，减少了大约 17 亿吨碳排放。汽车行业需求的减少使钢铁生产减少了 4000 万吨碳排放。

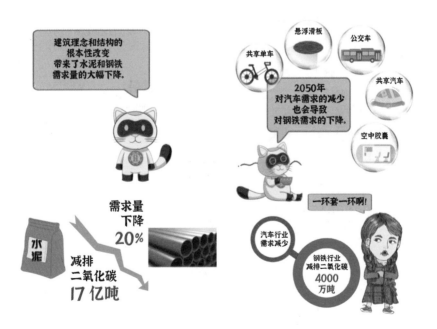

2050 年，水泥和钢铁生产中 85% 的减排量来自企业材料效率的提高。
公众行为的改变有 3/4 是靠政府政策的引导和影响实现的。

工业领域的行为改变会带来近 24 亿吨的减排量。

建筑领域的行为转变体现在通过降低室内温度设置、降低过高的热水温度等来减少能源使用。

从预测的 2030 年全球平均水平来看，供暖温度为 19 ~ 20℃，制冷温度为 24 ~ 25℃。

2030 年
全球平均水平

供暖 19~20˚C
制冷 24~25˚C

中国 2006 年发布的《国务院关于加强节能工作的决定》要求，所有公共建筑内的单位，夏季室内空调温度不低于 26℃，冬季室内空调供暖温度不高于 20℃。

2020 年，房屋建筑寿命通常为 50 ~ 70 年，2050 年将会延长至 60 ~ 85 年。建筑寿命的延长也会导致对建筑材料的需求大幅降低。这些节能措施在建筑领域会减少 1600 万吨的排放量。

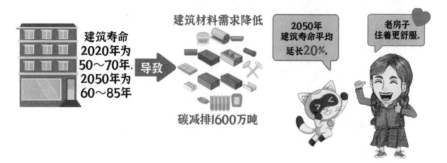

城市设计会影响公众的日常生活方式，使城市居民的碳足迹减少 60%。

随着物联网设备的大量增加，可以通过共享交通来满足服务需求。

对于相似的家庭结构，碳排放比赛领跑可以实现 20% 的碳减排。

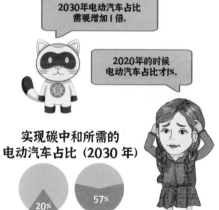

有行为改变时，电动汽车占比为20%；没有行为改变时，电动汽车占比为57%。

有行为改变时，2030 年的电热泵销量为 4.4 亿台、
低碳钢生产份额为 7%。

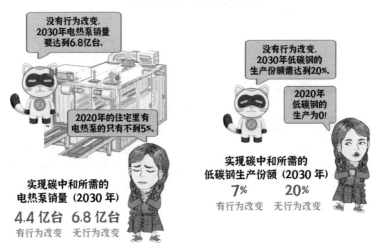

有行为改变时，2050 年可持续航空燃料的使用量为 5 亿桶*。
需要在工业中增加更多的 CCUS 技术，并更多地使用低碳电力和氢能。

---

*1桶=158.9升。

为避免这些排放，需要使用额外的低碳电力和氢能，
这将额外花费 4 万亿美元。

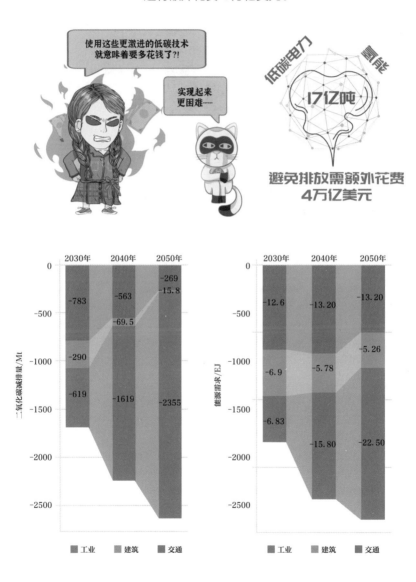

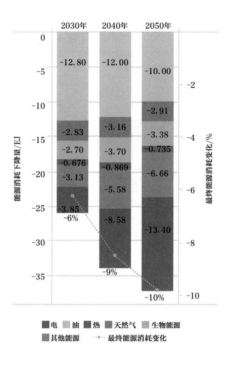

参考文献

International Energy Agency. Net zero by 2050: a roadmap for the global energy sector [R/OL]. 2021. https://www.iea.org/reports/net-zero-by-2050.

白银篇

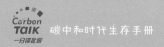
碳中和时代的终极资源
——5种关键金属

低碳、零碳、负碳技术，本篇统称为碳中和技术。

全球碳中和技术的高速发展会对越来越稀缺的金属资源产生严重依赖。

这个好！继续说！

也就是说，这些技术背后都有赖以生存的……

矿产资源

为啥呢？

碳中和技术，从风力涡轮机电网到电动汽车的核心组件，都离不开关键金属资源。

想不到未来发展的"瓶颈"在这啊！

唉　万万没想到

传统汽车的关键金属资源用量是 40 千克／辆，而电动汽车的用量会超
过 200 千克／辆。海上风电的关键金属资源用量是 16000 千克／兆瓦，
陆上风电是 1000 千克／兆瓦。这些都是巨大的需求量。

2020 年
资金收益

关键
金属

煤炭

2040 年
资金收益

煤炭

关键
金属

2020年煤炭行业的收益是
关键金属资源收益的9倍。

收益竟然能超过
煤老大?!

以后说"家里有矿"
必须加个括号注明
"非煤矿"。

2040年关键金属资源的收益
就已经远超煤炭行业了。

赶紧说说
关键金属资源都有啥?

我也不学老C
卖关子了。

关键金属资源

铜 锂 镍 钴

稀
土
元
素
{
镧、铈
镨、钕
钷、…
…………
}

↑

总共包含
17 种金属元素

稀土元素是包含镧（La）、
铈（Ce）、镨（Pr）、钕（Nd）、
钷（Pm）等在内的一堆金属的总称。

关键金属的资源禀赋各国差异巨大。

中国稀土的
储量、产量、
出口量和消费量居

中国是全球唯一可以供应
全部稀土元素的国家。

中国在稀土的
开采和加工方面
有绝对优势。

稀土大国,
名不虚传!

在钴的加工处理领域,
中国也在全球
占绝对优势。

制造大国,
世界工厂!

我迫不及待地想听细节,
能否每种金属
展开说说?

且听后文
分解……

老C高徒

碳中和时代，涮羊肉用的铜锅都是"土豪金"

碳中和时代的终极资源 TOP5 ——铜

2020 年，铜和铝的成本约占电网总投资的 20%。

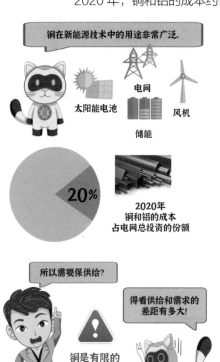

以汽车为例，每辆传统汽车大概需要 25 千克铜，
而每辆电动汽车大概需要 50 千克铜。

2020 年全球铜产量为 2079 万吨。

例如，智利的铜矿占全球的 30%，而智利参议院正在审议的《冰川保护法案》会限制在冰川、冰缘区及永久冻土上进行采矿。全球最大的铜生产商——智利国家铜业公司 Codelco 的三座主要铜矿山都是《冰川保护法案》的限制对象，其 40% 的生产将面临停产风险。

2030年，铜的生产与需求之间的缺口已达500万吨。

2030年需要增加1000亿美元的投资来解决供应短缺的问题。

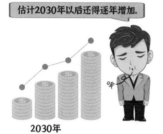

估计2030年以后还得逐年增加。

涮羊肉的铜锅真的要熔了给碳中和技术？

照你这么说，2030年的铜价岂不要飙升？

其实铜价已经飙升了！

你是从未来穿越回来的，还是从现在穿越过去的，咋比我还清楚？

谁让我是高智能"零碳喵"呢！

降维打击

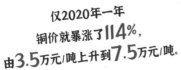

仅2020年一年铜价就暴涨了114%，由3.5万元/吨上升到7.5万元/吨。

中国的铜加工和生产量占全球的 40%。

"新基建"是指发力于科技端的新型基础设施建设，主要包括 5G 基站建设、特高压、城际高速铁路和城际轨道交通、新能源汽车充电桩等七大领域。

科技发明的核心金属

碳中和时代的终极资源 TOP4
——锂

锂电池可分为锂离子电池和锂金属电池。锂离子电池的本质是依靠锂离子在正负极间的移动来实现重复充放电，而锂金属电池则为一次性使用的不可充电电池。

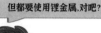

锂离子电池

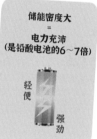

比起铅酸电池，锂离子电池的放电更加充分，储能密度也更大。

3C 产品是指计算机类 (computer)、通信类 (communication)、消费类（consumer）电子产品。

锂离子电池号称是……

优秀哦

20世纪
影响人类
最为深远的
两大科技发明
之一!

另一项是啥?

?
?

晶!体!管!
晶体管使集成电路得以实现,开启了电子时代!

锂离子电池使能量高密度存储得以实现,开启了移动时代!

小小金属竟然有这么大的威力!

你戴的无线耳机就是靠锂离子电池供电的。

难道几天不理,就没电了。

现在的无线耳机的锂含量不会超过0.5克,充放电能力有限。

未来呢?

期待中

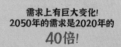

2020年　　　　2050年

锂资源储量居前四位的国家——智利、中国、澳大利亚和阿根廷的总储量占比为 96%。

中国的锂产能占全球产能的 60%，
锂电池产量约占全球总产量的 80%。

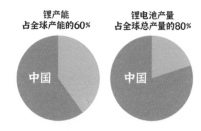

锂产能
占全球产能的60%

锂电池产量
占全球总产量的80%

中国

中国

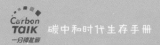

钴锂关系，非比寻常

碳中和时代的终极资源 TOP3
——钴

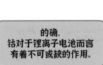

钴被称作
"电池工业的维生素"。

三元材料一般指以镍、钴、锰为原料的正极材料。正极材料是决定锂离子电池性能和成本的关键。

2040年

2040年
全球钴的需求量将
是2020年的21倍。

2020年

看看现在的价格,
2040年的价格
岂不是超过黄金了?

钴金?

这倒不会,
但价格冲高是非常有可能的,
因为供给很不稳定。

价格

供给

采矿.生产和加工?

全球超过70%的钴
在刚果(金)开采。

高度集中。

刚果(金)

但该国战乱频发,
且存在使用童工的情况,
这使全球的钴使用者忧心忡忡。

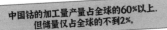 中国钴的加工量产量占全球的60%以上，但储量仅占全球的不到2%。

加工量产量　储量

 看来还得靠非洲。

所以才回到之前的问题，全球开始积极寻找无钴电池？

 是的，这个努力一直没有停止过。

 成功了吗？

应该没有吧，否则我就不是现在这个样子了。如果那样的话，电池科技可能走向另一个平行宇宙了。

 Why？

因为锂离子电池就是靠钴才大放异彩的。放弃钴，岂不是要放弃锂？

联系紧密

 钴　锂

 钴锂关系，确实紧密。

要不怎么叫终极资源呢？不是轻易能摆脱的。

终极资源

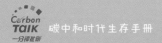

比钱还值钱的镍

碳中和时代的终极资源 TOP2 ——镍

美国的 5 美分硬币含有 1.25 克镍。由于镍的价格高，很多人把硬币熔掉卖钱。美国铸币局 2006 年出台法令，熔掉或出口硬币最高可判处罚款 1 万美元及（或）入狱 5 年。

美国地质勘探局（USGS）的数据显示，2019 年全球镍储量为 8900 万吨。

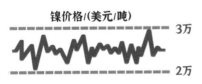

镍的价格基本在 2 万～ 3 万美元 / 吨的水平。

镍价格/（美元/吨）

3万

2万

看来未来是一个由多元金属支撑的电池和电动汽车时代。

可以这么说，但是完全取代钴的可能性不大。

这样也有利于产业链的稳定和充分竞争。

另外需要注意的是，镍在地热这种可再生能源中发挥着非常重要的作用。

地热也要用镍？

地热资源的生产环境较为苛刻，关键环节在地下。

所以对防腐蚀的要求很高，镍的价值就凸显出来了。
镀镍管道

碳中和技术对关键金属的需求*

	铜	钴	镍	锂	稀土元素	铬	锌	铂族金属	铝**
太阳能光伏	●	○	○	○	○	○	○	○	●
风	●	○	●	○	●	●	●	○	◐
水力	◐	○	○	○	○	◐	○	○	◐
聚光太阳能	◐	○	●	○	○	●	◐	○	●
生物能源	●	○	○	○	○	○	○	○	○
地热能源	○	○	●	○	○	●	○	○	○
核能	◐	○	◐	○	○	●	○	○	○
电网	●	○	○	○	○	○	○	○	●
电动汽车和蓄电池	●	●	●	●	●	◐	○	○	○
氢	○	○	●	○	◐	○	○	●	◐

注：阴影表示相对重要性（●=高；◐=中等；○=低）。

---

* 本表引自IEA发布的《全球能源行业2050净零排放路线图报告》。

** 该报告仅对电网的铝需求进行了评估，不包括在总需求预测中。

稀土，既不"稀"也不"土"

碳中和时代的终极资源 TOP 1
——稀土

18 世纪刚发现稀土时以为稀少，故此命名。其实不然，稀土中的铈在地壳中的含量与铜接近。

稀土号称"现代工业的维生素"。

稀土是一堆（17个）金属的统称。

稀土包括元素周期表中的镧系元素（15个）及与其密切相关的2个元素——钪（Sc）和钇（Y），共17种元素。

镧系元素(15个)

与镧系元素密切相关的元素(2个)

镧(la)、铈(Ce)、钕(Nd)、镨(Pr)……

字不认识，也记不住！

它在说啥

不是有17种吗?

说多了你记得住吗?

很多领域一使用稀土，立马像打了兴奋剂似的神功倍增。

风力发电机、汽车、音响设备、电子仪表、家用电器等都离不开永磁材料。

稀土金属在现代工业中发挥着巨大作用,尤其是在高新技术和军工领域。现代化军事设备如果没有稀土元素的加持,分分钟"土掉渣"。

赣州和包头是我国稀土储量最丰富的两个城市，其稀土产量占全国的一半以上。

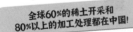

中国因稀土生产导致的温室气体排放每年约为10万吨二氧化碳当量（主要是全氟碳化物）。

稀土的冶炼过程
也是高碳排放?
类似于铝冶炼,
每吨稀土的碳排放强度不小于1吨二氧化碳
当量(不同稀土金属差异较大)。
由于产量较小,所以总排放量并不大。
每年
10万吨二氧化碳当量
2020年,碳中和技术
对稀土的需求仅有0.6万吨,
全球总需求量为12万吨。
看来碳中和技术对
稀土的需求并不大啊!
12
万
吨
0.6
万
吨
我还听说有些新能源公交车
使用的是轻稀土动力电池。
中国
自主研发
当前稀土主要用在
风电和电池、储能等领域。
随着新能源的
快速发展,
2040年碳中和技术
对稀土的需求是
2020年的8倍多。
劲爆需求来自何方?
5万吨
2020年 2040年
主要是
电动汽车、电池和储能。
关键领域的
关键金属啊!

2021年1月，工信部公开征求对《稀土管理条例（征求意见稿）》的意见。该征求意见稿提出，国家对稀土开采、稀土冶炼分离实行总量指标管理。

黄金篇

给走碳中和道路的企业
9个建议

第一，密切关注碳中和的一切动向。

以碳中和为愿景目标，走碳中和道路将开启以未来引导当前的发展道路。未来存在无数的不确定性，但碳中和是其中不确定性最小、目标最明确的方向。

第二，不要认为自身的碳排放比火电、钢铁、水泥这些企业低很多。

没有人会把一家电子商务公司的碳排放与火电厂的碳排放进行比较（很可能所比较的火电厂正是火电领域的低碳引领者）。企业应关注是否在自身所在的行业中碳排放最低。如果不知道，继续往下看。

电子商务公司 　不能比!!　火电　钢铁　水泥

要聚焦于自身所在的行业

哪怕今天只比同行企业的碳排放高出一点儿，未来都可能会成为
"灭顶之灾"。

第三，核算自身的温室气体排放量，并对外公开。
依据官方发布的核算方法核算自身的温室气体排放量。当前，我国已
经发布了 24 个行业的核算方法指南（《企业温室气体排放核算方法
与报告指南》），基本覆盖了绝大部分领域。如果没有对应的行业核算
方法指南（大多是因为自身属于排放体量小、排放环节简单的行业），
可以参考相似的行业或过程。

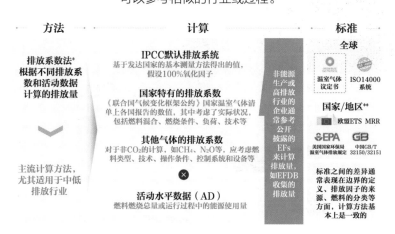

* 其他计算方法（如基于测量的方法）在计算高排放强度行为时更为普遍。
** 通常采用混合方法，包括排放系数法。
资料来源：Lit研究；BCG分析。

公开比核算更重要。对外公开是一种积极的表态，更是在寻求反馈与监督。企业的商机和转型升级可能来自外界的评价和"吐槽"。

财富商机 稍纵即逝

第四，认识到自身的所有活动都会产生碳排放，这就是碳约束厉害的地方。

碳排放不仅来自燃烧煤、油、气，企业的用电、原材料购买、办公、交通、差旅都会带来碳排放。要有碳中和时代的经济意识——碳排放权其实是一种全球硬通货。

都有碳排放

企业排放通常分为 3 个范围：范围 1 排放，指化石燃料（煤、油、气）燃烧排放；范围 2 排放，指企业购买电力、热力导致的间接排放；范围 3 排放，指企业其他行为或活动带来的间接排放。

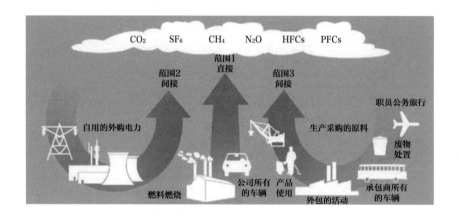

第五，设定自身的碳排放量或碳排放强度目标时要分中期和远期，至少每五年下降 20%。

国家虽然在努力实现碳达峰，可是未来的增量不是为某一企业服务的，有很多与重大民生相关的产业都需要发展。

即便每五年下降 20%，40 年后还剩下 16%，仍没有完全实现碳中和。此外，各企业并不一定都按照有规律的速度减排。在目标明确的情况下，竞争只能越来越残酷。如果还需要借鉴更加具体的目标设置方法，建议参考以下 4 种协议（网上自行搜索便可得到详细内容）：Science Based Targets initiative（SBTi），Transition Pathway Initiative（TPI），X- Degree Compatibility（XDC），SME Climate Hub。

第六，提出具体、可监督的减排措施。

碳中和首先是一场能源革命，因此重点是可再生能源。如果一家企业所用的能源仅是电，可以查一下其中有多少是可再生能源电力，这样就可以知道以后该怎么做？

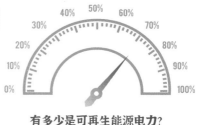

有多少是可再生能源电力？

国家和地方政府出台了一系列政策以鼓励"绿电"的生产与消纳，因此企业可以在自有场地附近采用合同能源管理的方式生产和使用"绿电"，电力消耗较小的企业可以直接通过绿证采购实现自身的"绿电"战略。

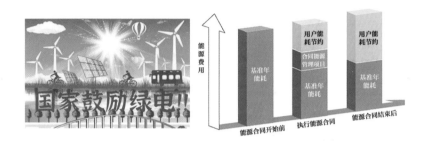

第七，认真审视自身供应链中的上下游企业。

如果企业供应链中有非常积极地发展碳中和的企业，应与之积极互动并向其学习。尝试对上游企业提出一些低碳要求，看其反馈；对于下游企业，要主动展示自己的减排成效。

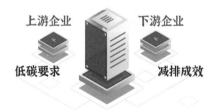

碳中和时代，产业的生态格局会有很大变化，要认真选择那些有超前意识且与时俱进的企业。即使自身不激进，也要看看激进企业在做什么；即使自身保守作为，也要表现出积极作为的样子。

第八，不要急于把碳减排变现。

虽然碳市场和许多碳金融手段已经出现了，但对于绝大部分企业而言，其减排行为和结果离货币化还有距离，甚至精准衡量减排效果尚缺乏相应的方法。要把减碳看作一个发展模式的改变，而不是投资一个新产品。就像对于一个 3 岁的小孩，你肯定不指望他去挣钱，而是要多方面尝试以寻找他的潜力并大力培养。

这里所说的不包括通过常规节能减少的成本。不节能的企业还能去搞碳中和吗？节能是节约成本的一种方式，是企业的本能。

第九，经常看看"一分钟扯碳"。

虽然我们是"扯碳"，但是你看多了自然会对专业水平有所公断。当前碳中和处在百花齐放、百家争鸣的时代，多了解权威的观点和前沿动态对自身的定位和发展至关重要。

参考文献

UN Global Compact, Boston Consulting Group. Corporate net zero pathway: delivering the Paris Agreement and the sustainable development goals [R/OL]. 2021. https://www.bcg.com/en-cn/corporate-net-zero-pathway.

碳中和之路，交通运输企业该咋走？

交通运输企业，指以交通运营为主要收入的企业，即运输公司。

范围 1：包括车辆汽油、柴油、煤油、燃料油等的燃烧排放，大概占排放总量的 80%。

范围 2：包括车辆运行及地面站和其他服务设施用电导致的间接排放。

范围 3：其他间接排放，如购买的车辆在生产过程中的排放等。

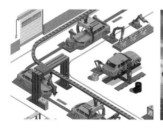

走向碳中和之路的第一步就是先看看本书**"给走碳中和道路的企业9 个建议"**，里面有很多基本建议可以作为参考。

接下来，可以重点关注以下方面。

一是燃料替代。

电力、生物柴油都是较好的替代燃料，虽然现在电力的间接排放量较高（火力发电占比高），但电网碳排放因子的下降速度要高于企业自身的减排效率，而且企业还可以自行选择"绿电"。全球最大的包裹运送公司 UPS 在 2019 年购买了 1.35 亿加仑 * 的替代燃料，相当于其 24% 的燃料量；京东集团从 2017 年就开始使用新能源汽车，每年至少减排 12 万吨二氧化碳，并且在中国建设了 1600 多个充电站。

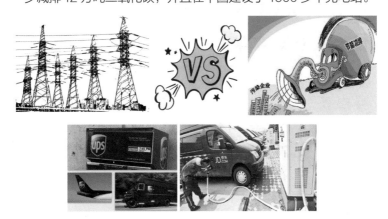

二是提高车辆的行驶效率。

提高信息化水平、科技水平和管理水平可以有效提高车辆的行驶效率。联邦快递（FedEx）公司通过效率管理，2019 年的排放强度比 2005 年下降了 24%，其地面运输的燃料效率比 2005 年提高了 41%。

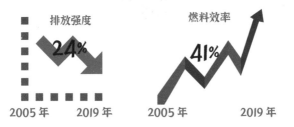

排放强度 24% 2005 年 2019 年

燃料效率 41% 2005 年 2019 年

---

* 1加仑（美）≈3.79升，1加仑（英）≈4.55升。

三是建立"绿电"供应设施。

可以直接购买"绿电",或者充分利用自身空间生产"绿电"。地面枢纽、服务站、货运服务中心及零售点等都可以充分建设可再生能源发电设施。UPS 公司 2019 年建设了 10 兆瓦的屋顶太阳能电池板,并且着手为自己在欧洲的 30 多家站点采购"绿电";京东集团在上海物流园区建设了太阳能光伏发电,2021 年年底的装机总量达到 200 兆瓦,实现年发电量 1.6 亿度以上。

四是打造绿色包装。

选择使用可回收材料作为包装材料,或者加强自身对于包装材料的回收力度。顺丰包装材料优化管理系统避免了对包装材料的过度使用,2020 年节省了 26000 多吨纸张和 8000 吨塑料,减排 7 万吨二氧化碳。

+＝7万吨CO$_2$

26000多吨纸张　8000 吨塑料

五是主动为政府部门提供新能源交通运输服务。

政府部门率先购买电动汽车、率先使用新能源交通运输服务是必然趋势,因此在这方面的需求会更强烈、更迫切。政府部门是运输公司零碳、低碳服务的优质甲方。

绿色交通 低碳出行

六是运煤、运矿、运钢材的货运公司要重新审视未来的
需求定位和自己的服务模式。

企业的服务对象或者甲方正在紧锣密鼓地策划低碳发展方案和战略调整，如果企业自身不能实现新能源转型，那可能就会成为对方减碳的重点。货运结构的根本性变化是低碳转型的必然结果。

参考文献

UN Global Compact, Boston Consulting Group. Corporate net zero pathway: delivering the Paris Agreement and the sustainable development goals [R/OL]. 2021. https://www.bcg.com/en-cn/corporate-net-zero-pathway.

碳中和之路，食品加工企业该咋走？

对于食品加工企业而言，不同生产链的排放重点差异很大。对于一些自己经营农场的企业，大部分排放可能来源于农业活动排放（范围1）；对于仅从事加工的企业，大部分排放可能来自原料采购和运输（范围3）。

农业

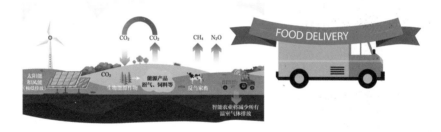

一是实现农业脱碳，尤其是要实现畜禽养殖脱碳。 牛等牲畜的肠道甲烷排放和排泄物甲烷排放是经营农场的企业（尤其是乳制品企业）的重点排放源。

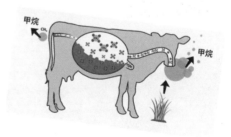

二是控制疾病传染。 对交配和繁殖季节及牲畜生长和增肥进行规划是阿根廷肉牛生产系统减少单位牛肉甲烷排放的重要手段。

三是建立粪便收集系统。

厌氧发酵产生的甲烷不仅能避免
污染和排放，而且可以替代 1/4
的天然气消费。用粪便代替化肥
还可以吸收更多的碳，从碳源到
碳汇只需转变这一步。

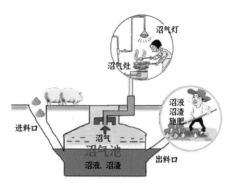

四是开发 NCUS 技术。

加拿大 Nutrien 公司是世界上最大的化肥公司和农业供应商，目前正计划
投资捕获氧化亚氮（N_2O）气体技术，CCUS 要有它的兄弟——NCUS 了。
NCUS（Nitrogen Capture, Utlization and Storage）即氮捕集、利
用与封存。氧化亚氮的全球增温潜势为 298，即排放 1 吨氧化亚氮相当
于排放了 298 吨的二氧化碳。

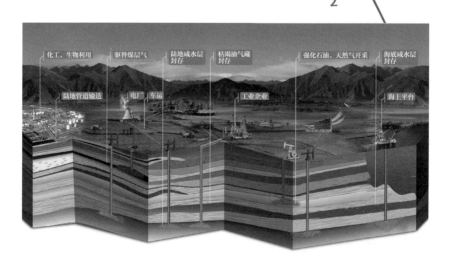

=3% 电力

五是部署光伏板或签署"绿电"购买协议。

天津路易达孚公司（油籽加工厂）利用 18000 平方米的屋顶安装太阳能电池板，为其提供了 3% 的电力。

六是改变供热模式，提高效率。

供热带来的排放是食品加工企业排放的一个重点环节。充分利用周边火电厂、水泥厂、钢铁厂等的余热，以生物质、农场沼气（甲烷）作为燃料，或者将燃煤锅炉转化为天然气锅炉并部署余热回收系统是重要的解决途径。

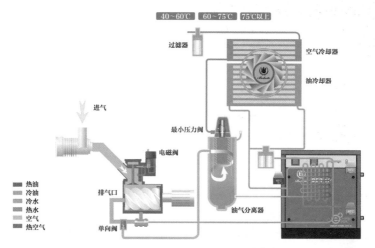

七是物尽其用。

例如，降低包装的复杂性并使用可回收材料。雀巢公司 87% 的包装材料和 66% 的塑料制品都是可回收或可以再利用的。又如，一些面包供应商将多余的面包转化为啤酒。

八是与物流公司和上下游企业充分合作，建立统一的脱碳和零碳战略。
一个小环节的创新，可能会带来整个产品链的巨大减排。农业公司先正达（Syngenta）与全球货柜航运龙头麦司克（AP Moeller-Maersk）深度合作，建立了可持续物流，以消除集装箱运输和供应链中的化石燃料，从而大幅减少二氧化碳排放。

此外，还有一个更有趣的减排措施，就是改变种子！
有一些带涂层的种子可以保护和促进根系的健康生长，既能增加产量，还能更好地吸收养分，并提供碳储存能力。Monsanto 公司通过科学种植玉米、大豆等增强了土壤对温室气体的吸收能力，目前已经减少了 85% 的温室气体排放量。

参考文献

UN Global Compact, Boston Consulting Group. Corporate net zero pathway: delivering the Paris Agreement and the sustainable development goals [R/OL]. 2021. https://www.bcg.com/en-cn/corporate-net-zero-pathway.

碳中和之路，ICT企业该咋走？

ICT 企业，指从事信息与通信技术的企业，包括互联网公司和 IT 公司。其范围 1（化石燃料燃烧）排放并不多，主要是范围 2（用电导致的间接排放）和范围 3 排放（购买材料和产品全生命周期碳排放）。在范围 3 排放中，原材料、制造流程与最终客户使用是最大和最可测量的排放源。

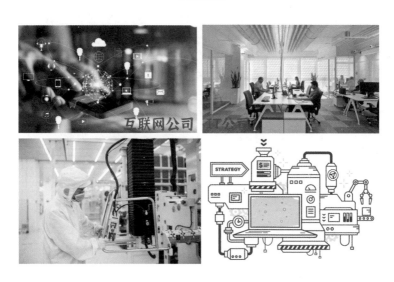

互联网公司数据中心的用电是非常重要的排放源（范围 2 排放）。百度数据中心的排放量占其总排放量的 80%。2019年，百度数据中心消耗了全球 1% 的电力。

一是提高数据中心的能源效率，降低电源使用效率。

建设超大规模的数据中心，通过共享系统（冷却和备用系统等）、统一的基础设施、整合存储和先进的电源装置等实现节能。PUE（power usage effectiveness）是数据中心消耗的所有能源与 IT 负载使用的能源之比，如 1 个数据中心消耗了 1 万度电，其中有 50% 用于数据设备，另外 50% 用于辅助设备（空调、照明等），则其 PUE 就是 2。PUE 越接近 1，表明其能效水平越好。

百度数据中心的平均 PUE 已下降到 1.14，比行业平均水平低 76%，主要是通过建设超大规模的数据中心实现的。

Facebook 的数据中心在 2011 年建设时就把脱碳作为核心内容，其开放的计算项目服务器可以在更高的温度下运行，并采用 AI 模型优化实时效率，实现了 PUE=1.1。

二是使用可再生能源。

既可以自己建设可再生能源设备，也可以购买"绿电"。IT 行业已经成为清洁能源直购电协议的主要承购商，其中谷歌 2.7 吉瓦，Facebook 1.1 吉瓦，亚马逊 0.9 吉瓦，微软 0.8 吉瓦，这四大互联网巨头占 2019 年全球清洁能源购电协议量的 28%。

PAA（power purchase agreement）即直购电协议，指企业级电力用户和发电厂之间直接签署电力采购合同，而不是向电网公司购电。

三是购买公共云服务。

对于不打算自建数据中心的 IT 公司，建议利用外部供应商的公共云服务。全球领先的数据运营商 Equinix 称，用户可以要求范围 2 的净零排放，如采用 100% 的可再生能源。

四是使用可回收或低碳的材料。

IT 设备中的大部分金属部件在采矿、精炼、生产和加工过程中往往会产生大量温室气体。苹果公司通过使用铝合金而放弃锡金属，使其 2019 年的碳足迹减少了 430 万吨。

五是降低产品使用能耗，甚至在产品发布以后依然持续降低产品能耗。

Xbox 360 是微软发行的家用游戏主机。其发布后，微软公司通过技术手段降低了 Xbox 360 的待机功耗，节约了 60% 的能耗。下一代 Xbox 360 One 的设计将节省 30% 的能耗。

节约了60%
的能耗

六是管理供应链排放，与供应商制定具体的减碳标准或目标。

微软公司提出供应商行为准则，强制性要求每个供应商提供排放报告（3 个范围）。联想集团要求其一级供应商根据全球标准报告排放量，大约 90% 的联想直接供应商在其影响下设定了温室气体减排目标。

七是员工通勤更加低碳。

IT 公司的员工通勤也是重要的排放源。公司可以优先考虑以虚拟会议的形式减少差旅，鼓励员工选择更环保的出行方式。Facebook 不仅鼓励"绿色通勤"，还为骑自行车的人提供淋浴及拼车资源，成功地鼓励了总部 50% 的员工选择更加低碳的出行方式。

参考文献

[1] UN Global Compact, Boston Consulting Group. Corporate net zero pathway: delivering the Paris Agreement and the sustainable development goals [R/OL]. 2021. https://www.bcg.com/en-cn/corporate-net-zero-pathway.

[2] International Energy Agency. Data centres and data transmission networks [R/OL]. 2021. https://www.iea.org/reports/data-centres-and-data-transmission-networks.

碳中和之路，钢铁企业该咋走？

2020 年全球粗钢产量达到 18.78 亿吨，中国粗钢产量达到 10.65 亿吨，占全球的 56.7%。中国宝武钢铁集团以 1.15 亿吨产量位居全球第一。中国居全球前 10 位的钢铁企业还有河钢集团（第 3 位）、沙钢集团（第 4 位）、鞍钢集团（第 7 位）、首钢集团（第 9 位）和山东钢铁集团（第 10 位）。

钢铁行业是一个国家的战略性行业，与国家的基础设施、制造业和军工产业密切相关。但钢铁生产商仍然比较分散，全球排名前 10 位的钢铁生产商只占全球产量的 27%。

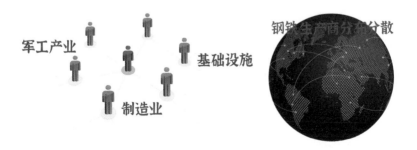

全球主要有两种钢铁生产工艺。

第一种使用高炉－转炉 (BF-BOF)，总产量占 72%。
煤炭既是能源，同时也是还原剂。平均 1.3 吨铁矿石和 0.8 吨煤炭
可以生产 1 吨粗钢。煤炭约占钢铁成本的 1/5。

第二种使用电炉 (EAF)。
由废钢（总产量占 23%）或直接还
原铁（总产量占 6%）生产粗钢。废
钢－电炉炼钢相当于废品二次利用。

中国的电炉钢仅占 9%，大部
分都是转炉钢。

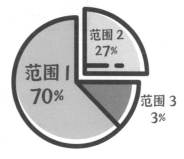

全球钢铁行业排放了 36 亿吨二氧化碳
（2019 年），其中范围 1（直接）排放
占 70%，范围 2（用电和用热）排放占
27%，范围 3（上下游）排放占 3%。

范围 2
27%

范围 1
70%

范围 3
3%

在范围1（直接）排放中，89% 来自煤炭燃烧排放；11% 来自工业过程排放（包括还原氧化铁和炼钢降碳等）。绝大部分范围1排放都发生在高炉，还有一部分发生在焦炉（利用煤炭生产冶金焦的设备）。

若考虑范围1+ 范围2排放，全球平均每吨钢的二氧化碳排放为1.9 吨；考虑不同的生产方法，高炉－转炉吨钢二氧化碳排放量为2.3 吨；电炉吨钢二氧化碳排放量为0.7 吨。

吨钢二氧化碳排放量是钢铁生产碳排放绩效的核心指标。

基准情景下（保持当前的生产工艺和增长速度），全球钢铁行业到2050 年的排放量将达到48 亿吨。根据国际能源署（IEA）的研究，全球2050 年净零排放目标下，钢铁行业范围1排放需要在2019 年的水平上大幅下降，到2030 年将下降29%，到2050 年将下降91%；范围2排放要比范围1排放下降得更快。

截至 2021 年上半年，全球有 9 家钢铁公司（代表 20% 的全球钢铁产量）作出了净零排放承诺。其中，8 家公司承诺 2050 年实现净零排放，1 家公司承诺 2045 年实现净零排放。

浦项钢铁（POSCO）是世界上最大的钢铁制造商之一（粗钢产量全球排名第六），总部设在韩国浦项市。该公司制定了一条结构化的脱碳道路，目标是到 2030 年减排 20%，到 2040 年减排 50%，到 2050 年实现净零排放。

浦项钢铁计划分 3 个阶段实现净零排放。

第一阶段：减少 10% 的二氧化碳。主要措施是数字化、智能化和提高能效。

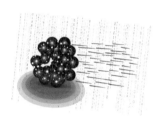

第二阶段：减少 35% 的二氧化碳。主要措施是提高废钢比例，将转炉中的铁水比率（HMR）降至 70%；使用 CCUS 技术；使用富氢焦炭。

第三阶段：走向净零排放。主要措施是采用氢 + 直接还原铁技术，通过 10 ~ 20 年形成产业规模。

净零战略 1：提高电炉炼钢比例。

使用再生废钢，减排潜力巨大。1 吨电炉钢的能耗仅为 8 吉焦，是高炉－转炉钢的 36%，二氧化碳排量放仅是高炉－转炉钢的约 30%（0.7：2.3）。

到 2050 年，如果全球电炉钢的比例提升到 60%，将比基准情景（48 亿吨）减少 15 亿吨碳排放，减排 31%。

净零战略 2：从高炉－转炉逐渐转型为直接还原铁－电炉，并使用氢能（绿氢）。

直接还原铁（DRI）目前的能耗较高，但这种工艺可以实现天然气替代煤炭，因而可有效降低吨铁 30% ～ 40% 的碳排放。国际能源署预测，2050 年直接还原铁－电炉钢产量将达到 4 亿吨（全球产量的 1/5）。

用氢气代替天然气可以进一步减少直接还原铁－电炉的排放强度。如果使用可再生能源生产氢（绿氢）和提供电力，吨钢的排放强度会下降 95%，达到 0.1 吨二氧化碳／吨粗钢。

生产成本也会下降。在欧洲，当碳价为 60 美元／吨（2021 年 7 月欧洲碳市场的碳价基本为 60 美元／吨）、电价为 47 美元／兆瓦时（相当于每度电 0.3 元人民币）时，直接还原铁－电炉炼钢将比高炉－转炉炼钢成本低。

2050 年，如果 3/4 的直接还原铁－电炉炼钢在生产中使用绿氢（全球需要 4500 万吨氢），那么将比基准情景减少 12 亿吨碳排放，即实现 23% 的碳减排。

净零战略 3：使用 CCUS 技术。

当前的钢铁企业仅有少量示范性质的 CCUS 项目。

第一家钢铁 +CCUS 开始于 2016 年的阿联酋阿布扎比钢铁厂。

根据国际能源署的研究，在全球 2050 年净零排放目标下，2050 年，钢铁行业需要捕集 7 亿吨二氧化碳，一半的粗钢生产线需要配置 CCUS 技术。CCUS 能实现 14% 的钢铁行业减排。

净零战略 4：充分评估转型的资本投入，利用一切积极手段降低可能的转型成本。

将生产工艺转型到基于天然气或氢气的直接还原铁 – 电炉炼钢工艺是一项几十亿美元的投资。

安赛乐米塔尔公司（全球粗钢产量排名第 2 位）表示，其欧洲业务达到净零排放需要投资 650 亿美元，其中 410 亿美元用于直接还原铁升级，240 亿美元用于"智能碳管理"解决方案（如绿色电力、生物能源和 CCUS）。这一投资额与安赛乐米塔尔公司的年度现金流（24 亿美元）差距巨大。

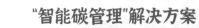

"智能碳管理"解决方案

绿色电力 生物能源 CCUS

安赛乐米塔尔公司积极争取地方政府的支持，2021 年在西班牙开发了绿色氢直接还原铁 - 电炉炼钢项目。该项目若没有地方政府的支持根本无法开展。

净零战略 5：积极防止高碳锁定。

高炉 - 转炉生产工艺中的高炉寿命通常为 20 ～ 30 年，其使用时间往往更长。当前，低碳转型的成本不低。需要审慎评估在利润的吸引下做出的短期投资，投资高炉 - 转炉生产线需要防止高碳锁定。

20 ～ 30 年

净零战略 6：积极建立废钢回收体系。

充分利用废钢是最有效、成本最低的减排战略，但是需要收集足够的废钢。废钢收集在很大程度上依赖于社会中的钢材储量。发达国家的钢材储量基本在人均 12～13 吨钢的水平，而中国人均才 5 吨。

废钢回收体系将是钢铁企业核心竞争力的体现，就像京东集团虽然是电商，但其物流系统始终是核心竞争力一样。未来，废钢回收将是一个潜力和竞争都非常大的市场。

参考文献

[1] Climate Action 100+, Institutional Investors Group on Climate Change(IIGCC). Global sector strategies: investor interventions to accelerate net zero steel [R].2021.

[2] World Steel Association. CO_2 data collection user guide [R].2021.

[3] IEA. Iron and steel[R]. Paris: IEA, 2021.

王者篇

IPCC最新报告，都说啥？
——IPCC最新报告解读（1）

IPCC 即政府间气候变化专门委员会，是联合国下属机构，也是全球气候变化科学研究的大"BOSS"，其发布的气候变化评估报告（以下简称评估报告）和温室气体清单方法学指南是全球应对气候变化的基础和根本出发点。

2009 年 12 月召开的哥本哈根世界气候大会，有 85 位国家元首或政府首脑、192 个国家的环境部长出席，中国国家总理出席了大会并发表重要讲话。这次大会使气候变化问题闻名天下。

不多，才4本!

三个工作组报告每本大概4000页吧，而且是全英文哦!

这是不打算让老百姓看啊!

那还要看吗?

听我扯就行了。

专家

其实本次(第六次)评估报告中颠覆性、突破性的内容并不多。

第一次报告
第二次报告
第三次报告
第四次报告
第五次报告
统统都看过

最大的变化在于对人类活动对于气候变暖影响的表述。

人类活动导致气候变暖，这个还能变出花来吗?

人类活动
VS
气候变暖

你那是新闻体。
IPCC评估报告是科学报告，所有结论都不能说绝对，只能说概率。

绝对

概率 ✓

比如第四次评估报告提出，全球升温非常可能是由人为排放的温室气体浓度增加导致的(可能性达到90%)。

90%

参考文献

IPCC. Summary for Policymakers, Climate Change 2021: The Physical Science Basis[M].
UK & New York, NY, USA: Cambridge University Press, 2021.

气候到底是啥样的变暖？
——IPCC最新报告解读（2）

It is unequivocal that human influence has warmed the atmosphere, ocean and land.
毫无疑问，人类的影响使大气、海洋和陆地变暖。

这是标题，而且是第六次评估报告的第一标题，其重要程度可想而知。

标题党!

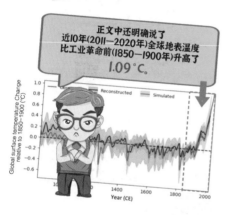

正文中还明确说了近10年(2011—2020年)全球地表温度比工业革命前(1850—1900年)升高了1.09°C。

工业革命不是从18世纪中期就开始了吗？评估报告为啥从1850年开始？

1850年才有了系统的地表温度科学测量嘛!

人类活动造成的升温为1.07°C。

那自然因素的贡献很少了?!

碳中和时代生存手册

全球极端炎热事件增加情况（1950年以来）

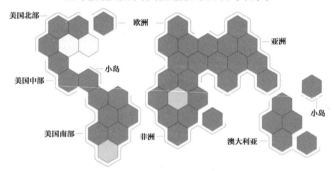

注：暗红色代表增加，灰色代表缺乏数据，斜线代表观测证据无法形成一致结论。

参考文献

IPCC. Summary for Policymakers, Climate Change 2021: The Physical Science Basis[M].
UK & New York, NY, USA: Cambridge University Press, 2021.

未来气候会怎样？
——IPCC最新报告解读（3）

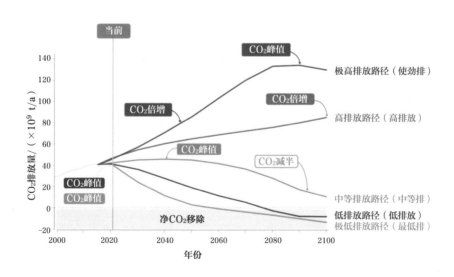

参考文献

IPCC. Summary for Policymakers, Climate Change 2021: The Physical Science Basis[M]. UK & New York, NY, USA: Cambridge University Press, 2021.

不可逆变化，人类永远的痛？
——IPCC最新报告解读（4）

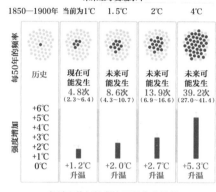

极端炎热气候事件50年发生频率

参考文献

IPCC. Summary for Policymakers, Climate Change 2021: The Physical Science Basis[M]. UK & New York, NY, USA: Cambridge University Press, 2021.

"后天"会发生吗？
——IPCC最新报告解读（5）

参考文献

IPCC. Summary for Policymakers, Climate Change 2021: The Physical Science Basis[M]. UK & New York, NY, USA: Cambridge University Press, 2021.

碳预算：未来还可以排多少碳？
——IPCC最新报告解读（6）

参考文献

IPCC. Summary for Policymakers, Climate Change 2021: The Physical Science Basis[M]. UK & New York, NY, USA: Cambridge University Press, 2021.

碳减排的黑科技
——IPCC最新报告解读（7）

针对碳减排，IPCC第一工作组强调了CDR(carbon dioxide removal)技术，即碳移除技术，这是末端减碳的最后大招！

也就是负碳技术吧？

是的，说CDR技术显得高大上。

还是说负碳技术老百姓更能明白。

CDR=负碳技术

负碳技术包括哪些？主要是植树造林？

不止植树造林，还包括很多。植树造林是通俗说法，严格来说是

造林（以前不是林地）

区别造林和再造林有意义吗？

不算太大，但在一些碳汇计算上略有不同，包括推荐排放因子等方面，总体不算太大。

CO₂

再造林（以前是林地，现在破坏了）

森林管理

143

* CCS即碳捕集与封存。

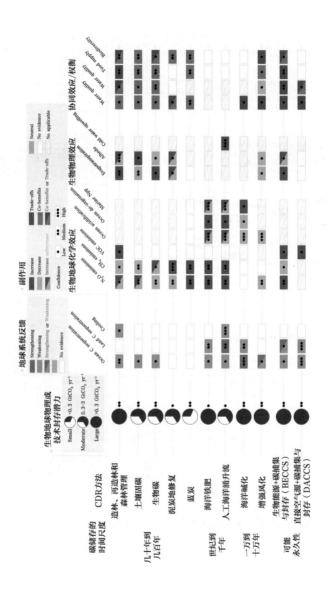

参考文献

IPCC. Summary for Policymakers, Climate Change 2021: The Physical Science Basis[M]. UK & New York, NY, USA: Cambridge University Press, 2021.

升温带来盛世？
——IPCC最新报告解读（8）

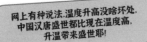

网上有种说法，温度升高没啥坏处，中国汉唐盛世都比现在温度高，升温带来盛世耶！

而且还有科学依据哦，竺可桢先生的经典文章《中国近五千年来气候变迁的初步研究》。

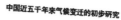

中国近五千年来气候变迁的初步研究

所以，未来升温根本不用担心。

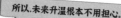

多虑了

首先澄清，竺可桢先生的文章中没有说升温带来盛世。

这种观点的本质有两个意思：

(1)中国历史上的高温期（相比现在）并不可怕，而且是盛世（大一统、国家稳定）。

(2)IPCC提出的升温根本不用担心。

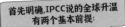

首先明确,IPCC说的全球升温有两个基本前提:

科学的温度测量数据

全球范围的平均温度

所以推算的历史温度数据不能用?

至少不可比。

在竺可桢先生的文章中,唐朝比现在(1970s)的温度高出1.5℃左右,依据的都是非常个案的物候资料。

1.5℃

唐朝　　现代

物候资料不能用吗?

主要是这些物候资料还是从史书、诗词、文人笔记中间接推导出来的,

并非当时的人以记录物候为目的留下的材料。

推算非实录

相当于把小说当史料看,所以误差会比较大?

至少不确定性的范围很可能会超过1.5℃。

就像李白说"飞流直下三千尺",我们总不能说按唐朝的尺折算现在的米,庐山瀑布的高度有900米吧?

实际庐山瀑布的高度才150米,诗人的艺术手法而已。

更不能说水是从银河系来的!

谁让你换算了

参考文献

[1] 竺可桢. 中国近5000年来气候变迁的初步研究[J]. 考古学报, 1972（1）: 168-189.

[2] IPCC. Summary for Policymakers, Climate Change 2021: The Physical Science Basis[M]. UK & New York, NY, USA: Cambridge University Press, 2021.

[3] Ge Q, Hao Z, Zheng J, et al. Temperature changes over the past 2000 yr in China and comparison with the Northern Hemisphere[J].Climate of the Past, 2013, 9(3):1153-1160.

上帝视角看人类活动排放
——IPCC最新报告解读（9）

参考文献

IPCC. Summary for Policymakers, Climate Change 2021: The Physical Science Basis[M].
UK & New York, NY, USA: Cambridge University Press, 2021.

我们离气候目标还有多远？
——《国家自主贡献综合报告》（2021年）解读（1）

《联合国气候变化框架公约》（UNFCCC）是1992年5月在美国纽约联合国总部通过的一个国际公约，1994年3月21日生效。全球几乎所有国家都签署了该公约。

缔约方大会（COP 会议）是《联合国气候变化框架公约》的决策和执行机构，各缔约方领导人都要参与，负责监督和评审《联合国气候变化框架公约》的实施情况。COP 会议自 1995 年起每年召开一次。2015 年 12 月，在法国巴黎召开的第 21 次 COP 会议（COP 21）取得了历史性成果——达成《巴黎协定》。前文提到的哥本哈根世界气候大会其实就是《联合国气候变化框架公约》第 15 次 COP 会议（COP 15）。2021 年 11 月在英国格拉斯哥召开的是第 26 次 COP 会议（COP 26）。

参考文献

United Nations Framework Convention on Climate Change (UNFCCC). Nationally determined contributions under the Paris Agreement Synthesis Report [R].2021.

啥是国家自主贡献?

——《国家自主贡献综合报告》（2021年）解读（2）

这次《国家自主贡献综合报告》系统梳理和评估了《巴黎协定》之后各国的排放控制承诺与全球控制1.5°C和2°C升温目标之间的差异。

《巴黎协定》很有意思，它不像《京都议定书》给各国(发达国家)强制分配减排任务，而是让各国自己提目标和任务，所以是预期的"国家自主贡献"(INDC)。

减排多少 你看着办

Intended
Nationally
Determined
Contributions

当一个国家正式签署了《巴黎协定》后，他的INDC就去掉了Intended，变成了正式的"国家自主贡献"(NDC)。

INDC 预期

NDC 正式

明白！INDC是喊口号，

NDC是签合同！

我要减排！

行动起来！

所以各国的NDC直接决定了全球能否实现《巴黎协定》的长期目标：

全球升温控制在2°C之内并努力实现控制在1.5°C之内

当然，各国的NDC还可以根据自己的情况修改和完善。

158

参考文献

United Nations Framework Convention on Climate Change (UNFCCC). Nationally determined contributions under the Paris Agreement Synthesis Report [R].2021.

未来的升温路径如何？

——《国家自主贡献综合报告》（2021 年）解读（3）

本次《国家自主贡献综合报告》（2021 年）评估的排放不包括土地利用、土地利用变化和森林（LULUCF）等的排放，即不包括森林碳汇。

该报告使用了 IPCC 最新报告（第六次评估报告）中的 100 年增温潜势（GWP）值，以便把非二氧化碳温室气体折算为二氧化碳当量。

参考文献

United Nations Framework Convention on Climate Change (UNFCCC). Nationally determined contributions under the Paris Agreement Synthesis Report [R].2021.

国家自主贡献方案都说了啥？
——《国家自主贡献综合报告》（2021年）解读（4）

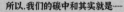

所以,我们的碳中和其实就是……

气候中和

二氧化碳
氧化亚氮
含氟温室气体
甲烷

与

温室气体中和

值得一提的是,这次《国家自主贡献综合报告》指出,很多国家强调了性别平衡和相互协调,这是实现NDC目标的重要环节。

好像潜台词是女性在应对气候变化中的作用会加强?

官方NDC报告

未来的科学就是女性的直觉!

这次找我扯碳,老C你是不是就已经开始执行联合国决议了?

小叶加油

表达力优秀
团队合作
包容
可爱
第六感强大
想象力丰富
细致周全
善于沟通

可再生能源发电是所有NDC中最常使用的减缓措施,其次是能效提高。

许多缔约方2030年可再生能源电力的占比会达到47%~65%,这个目标与IPCC的1.5°C目标一致。

相当于2030年一半甚至超过一半的电力来自可再生能源。

木质林产品碳汇计算有生产方法和消费方法两种，主要是针对国家之间的进出口贸易。如果按照生产方法，木质林产品生产国计算碳汇，而进口木质林产品的国家不计算碳汇。

参考文献

United Nations Framework Convention on Climate Change (UNFCCC). Nationally determined contributions under the Paris Agreement Synthesis Report [R].2021.

中国在全球升温控制中将发挥重要作用
——国际能源署视角下的中国碳中和之路（1）

2020 年，中国化石能源燃烧和工业过程二氧化碳排放超过 110 亿吨，燃煤电厂（包括热电联产）排放占 45% 以上，占全球排放的 15%。

2021年，中国能源二氧化碳排放增量可能会超过3亿吨(约3%)。

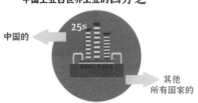

按增加值计算，
中国工业占世界工业的**四分之一**

中国的

25%

其他
所有国家的

中国是全球钢铁、水泥、铝、化学品、
电子产品和纺织品的**最大**生产国，
生产了世界上**一半以上**的水泥和钢铁。

购买力平价（purchasing power parity，PPP）是一种根据各国不同的价格水平计算出来的货币之间的等值系数，便于全球范围内的 GDP 比较。购买力平价计算单位为国际元（international dollar，Intl.$），或称作"国际货币单位"（international currency unit，ICU）。

以购买力平价(PPP)计算，
工业占中国GDP的40%。
中国是全球占比最高的国家之一。

P = Purchasing
P = Power
P = Parity

中国GDP

工业
占四成

工业化还影响了其他部门的活动。
例如运输，
以东部为主的产业集群发展
需要西部和华北省份的原材料供给，
货运量从2000年的约4万亿吨·千米
增加到2010年的约14万亿吨·千米，
2020年将超过20万亿吨·千米。

单位：万亿吨·千米

4   14   >20
2000年 2010年 2020年

东部
地区

一次能源电力折算中，国际能源署使用电热当量法，中国往往采用发电煤耗法。

二氧化碳排放量的增速
低于GDP的增速，
碳排放强度
（单位GDP的二氧化碳排放量）
在2005—2020年
下降了一半

降50%

2005年 2020年

中国一次能源碳排放强度
基本保持在2000年的水平以上，
接近80克二氧化碳/兆焦，
高于世界平均值
（60克二氧化碳/兆焦）

单位：克二氧化碳/兆焦

80   60
中国 世界

非化石能源的大力发展
使电力碳排放强度
从2000年的900克二氧化碳/千瓦时
降至2020年的610克二氧化碳/千瓦时

单位：克二氧化碳/千瓦时

降32%

900   610
2000年 2020年

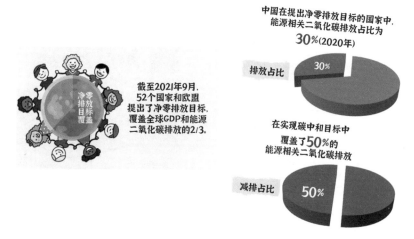

2020 年 9 月 22 日，中国在第七十五届联合国大会一般性辩论上宣布：二氧化碳排放力争于 2030 年前达到峰值，努力争取 2060 年前实现碳中和。

参考文献

International Energy Agency. An energy sector roadmap to carbon neutrality in China [R/OL].2021.https://www.iea.org/reports/an-energy-sector-roadmap-to-carbon-neutrality-in-china.

现有工业设施运行时间短，其排放需要在未来显著下降
——国际能源署视角下的中国碳中和之路（2）

在全球范围内，燃煤电厂通常可运行 40 ～ 50 年，水泥厂和钢铁厂约为 40 年。中国这些排放密集型工业设施的寿命往往在 25 ～ 35 年。

中国当前 40% 的燃煤电厂、55% 的水泥厂和 15% 的钢铁厂运行还不到 10 年。中国燃煤电厂的平均寿命仅有 13 年，美国则为 40 年，欧洲为 35 年。

江苏、山西、山东、新疆和广东五省（区）正在运行的没有超过 10 年的燃煤电厂占全国此类燃煤电厂的 40%。

钢铁厂　燃煤电厂　水泥厂

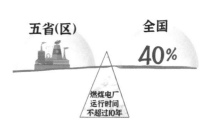

中国 80% 的钢铁厂和 90% 的水泥厂运行都不到 20 年。如果没有设施提前退役或减排技术改进，现有排放设施将导致 2020—2050 年的累积排放量约为 1750 亿吨二氧化碳，相当于中国 2020 年的能源二氧化碳排放水平持续了 15 年。

中国建筑存量的 2/3（按建筑面积计算）都是 2000 年以后建造的，3/4 的汽车使用不到 10 年，超过一半的商用飞机运营不到 10 年。

这些累积排放主要来自电力（60%）、钢铁（8%）和水泥（10%）。现有工业设施的二氧化碳排放到 2030 年要比 2020 年下降 30%，到 2050 年要比 2020 年下降 95%。

参考文献

International Energy Agency. An energy sector roadmap to carbon neutrality in China [R/OL].2021.https://www.iea.org/reports/an-energy-sector-roadmap-to-carbon-neutrality-in-china.

2060年碳排放还剩多少？

——国际能源署视角下的中国碳中和之路（3）

国际能源署提出的中国碳中和之路是基于其能源技术展望模型（ETP）和全球能源模型（WEM）构建的。

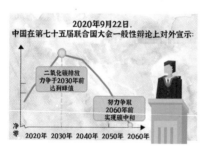

基于中国已承诺的目标，国际能源署提出了一条中国碳中和之路。

到 2060 年，二氧化碳排放仅剩的 6.1 亿吨都来自重工业和长途运输（道路货运、水运和航空）。这些剩余排放将会通过碳移除（负排放）技术抵消，如生物质能 +CCUS、空气源 +CCUS 等。

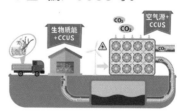

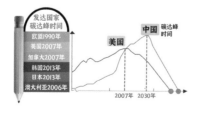

碳达峰时	
发达国家	中国（2030年前）
人均GDP基本为2万～5万美元（14万～34万元人民币）	人均GDP略高于2万美元（约14万元人民币）
人均碳排放7～15吨CO_2	人均碳排放7～8吨CO_2

相比已经实现碳达峰的发达国家，中国的碳达峰要在较低经济水平和较低排放水平上实现。2060年需要6.1亿吨的碳移除（负排放）。

风能和太阳能
到2030年,贡献了二氧化碳减排量的1/3
到2060年减排贡献为40%

氢能(包括氢和氢基燃料等)
贡献了2021—2060年累积减排量的3%。

2021—2060年
CCUS占二氧化碳累积减排量的8%;
2060年生物质能+CCUS占碳移除(负排放)的80%。

生物质能源
贡献了2021—2060年累积减排量的7%。

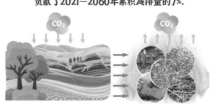

电气化
(以电能替代化石能源等)
贡献了2021—2060年
累积减排量的13%。

行为改变,
如节能,交通方式改变等,
到2060年会贡献12%的减排量。

参考文献

International Energy Agency. An energy sector roadmap to carbon neutrality in China [R/OL].2021.https://www.iea.org/reports/an-energy-sector-roadmap-to-carbon-neutrality-in-china.

还需要多少能源？
——国际能源署视角下的中国碳中和之路（4）

2030年一次能源需求量将比2020年上升18%；2060年一次能源需求量将比2030年下降26%，相当于比2020年下降12%。

2060年单位GDP能耗比2020年下降75%，相当于2021—2060年平均每年下降3%。

太阳能(太阳能发电+建筑太阳能供热+工业太阳能供热)在2045年将成为最大的一次能源，占总一次能源的1/4。

2030年和2060年非化石能源占比分别达到26%和80%。

如果按照国际能源署电热当量法计算，2030年和2060年非化石能源占比将分别为23%和74%。

2060年,化石能源使用基本不排放二氧化碳,主要通过CCUS解决。2060年煤炭消费量将比2020年下降80%。

全社会用电量相比2020年几乎翻倍。

油品消费量下降60%,剩余的油品有一半用于原料而非燃烧。天然气消费量在2035年达到峰值,2060年比2020年下降45%。

氢能也有大幅增长,与氢能相关的能源将供给航空燃料的26%。

能源效率大幅提升,2020—2060年钢铁生产的平均能源强度将下降40%,到2045年达到全球平均最佳技术。

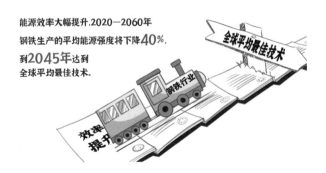

碳中和时代生存手册

2020－2030 年，
单位建筑面积能耗每年
下降 1.4%。
电气化是建筑行业低碳
的关键，电热泵对于提
升建筑采暖能效发挥着
非常重要的作用。

轻型汽车的燃油经济性(100千米油耗)，
2020－2030年每年下降**4.0**%。

后期由于电动汽车的大范围使用，
其能源利用效率会更高。

参考文献

International Energy Agency. An energy sector roadmap to carbon neutrality in China [R/OL].2021.https://www.iea.org/reports/an-energy-sector-roadmap-to-carbon-neutrality-in-china.

碳中和需要多少钱？
——国际能源署视角下的中国碳中和之路（5）

由于化石燃料的减少，
碳中和会带来显著的环境协同效应。

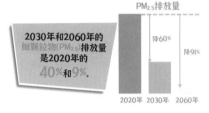

PM₂.₅排放量

2030年和2060年的
细颗粒物（PM₂.₅）排放量
是2020年的
40%和9%。

降60%　降91%

2020年　2030年　2060年

NOₓ排放量

降35%　降90%

2030年
NOₓ和SO₂的排放量
是2020年的
65%和70%。

2020年　2030年　2060年

2060年
NOₓ和SO₂的排放量
仅是2020年的
10%和20%。

SO₂排放量

降30%　降80%

2020年　2030年　2060年

碳中和之路

2030年
能源投资会达到
6400亿美元
（约4万亿元人民币）。

2060年
能源投资会达到
9000亿美元
（约6万亿元人民币）。

177

交通部门： 投资增幅最大，主要是针对交通基础设施和电动汽车等。

建筑部门： 主要用于建筑围护结构改造、高效的电器和供暖设备。2060年，对建筑部门的投资将恢复到约950亿美元（约6500亿元人民币）。

工业领域： 主要是对钢铁、水泥和化工进行低碳改造。

对于技术领域，
电气化是高投资的主要驱动力，
需要更多资金来改造发电、
扩大电网和提升电网智能化，
并投入到电动汽车、
热泵和工业电机中。

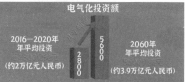

CCUS 的投资在
2060 年将达到 250 亿美元
（约 1800 亿元人民币）。

参考文献

International Energy Agency. An energy sector roadmap to carbon neutrality in China [R/OL].2021.https://www.iea.org/reports/an-energy-sector-roadmap-to-carbon-neutrality-in-china.

电力部门的碳中和之路
——国际能源署视角下的中国碳中和之路(6)

电力部门(包括火车和热电联产)在2020年的排放量为54亿吨,于2025年排放达峰,为56亿吨。

尽管在不断脱碳,电力部门的发电量却在持续增长,2060年将比2020年增长130%。

可再生能源,主要是太阳能光伏和风能,2060年的发电量将是现在的7倍,发电量份额从2020年的25%上升到2030年的40%,2060年为80%。

制氢将是电能的一个重要需求,2060年将达到电力需求的20%(3.3万亿度),相当于现在印度年发电量的2倍。

到2060年,仅太阳能光伏发电就占总发电量的45%,而在2020年仅为4%。

2060年,电力部门要捕集和封存13亿吨二氧化碳,其中65%来自燃煤电厂,这些二氧化碳大部分都会被封存在地下。

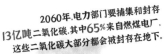

峰值容量指用足够的电力装机容量来满足年度最高用电需求。其灵活性需要满足100小时的峰值用电需求。

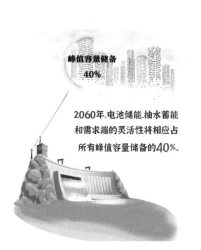

2060年,电池储能、抽水蓄能和需求端的灵活性将相应占所有峰值容量储备的40%。

电力系统的灵活性改造对于吸纳大比例可再生能源非常重要。

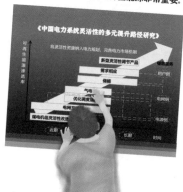

《中国电力系统灵活性的多元提升路径研究》

由于可再生能源(主要是太阳能发电和风电)每日、每周、每季度的波动性,需要电力系统的灵活性来确保不间断的电力供应。

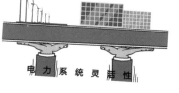

电 力 系 统 灵 活 性

生物制液化石油气主要通过动物油或者植物油生产液化石油气。

低碳燃料包括生物质资料、沼气、生物甲烷和生物制液化石油气。其中,主要为生物质资料,当前不到终端能源消费的1%,2060年将会超过9%。

当前的氢能主要用于炼油和生产氨、甲醇。氢能由化石燃料生产。2020年的产量为0.25亿吨，可排放二氧化碳3.6亿吨。

2060年，80%的氢能来自可再生能源电力电解水。煤炭+CCUS和天然气+CCUS分别占9%和7%。

可再生能源电力制氢与煤炭气化制氢相比可大幅减少水资源用量。2060年的用水量比现在制氢的用水量还少60%。

2060年，氢能产量将达到0.9亿吨，40%的氢能用于重工业(钢铁和化工)。

25%直接用于交通。

其他氢能转化燃料(用于水运的氨与用于航空的合成煤油)占20%。

剩余的氢能用于炼油和发电等。

2060年，氢能及其相关能源将占总终端能源消费量的6%。

参考文献

International Energy Agency. An energy sector roadmap to carbon neutrality in China [R/OL].2021.https://www.iea.org/reports/an-energy-sector-roadmap-to-carbon-neutrality-in-china.

第二产业的碳中和之路
——国际能源署视角下的中国碳中和之路（7）

钢铁行业
2020年的排放量为15亿吨,
2030年下降到14亿吨,
2060年降至1.2亿吨。

2060年废钢＋电弧炉生产工艺占总钢产量的一半以上。

生产工艺(废钢炼铁)改变和能效提升贡献了50%的累积减排量。

50%

15%

CO₂

氢

累积减排量

CCUS和氢能炼钢贡献了15%的累积减排量。

水泥行业
2020年的排放量为13亿吨,
到2060年将降至0.3亿吨。

当前熟料制水泥的比率为0.66,
全球平均水平为0.72,
中国水泥碳排放强度比世界平均水平约低7%。

石灰石
黏土

氧化钙　氧化铝
二氧化硅　氧化铁

水泥

熟料制水泥

制造1吨水泥
(水泥排放强度)

2020年
要排放
0.55吨
二氧化碳

2060年
要排放
0.03吨
二氧化碳

CCUS是水泥行业减排的重要技术,
2060年熟料产量的85%来自
装备CCUS技术的水泥窑。

熟料产量

相当于2030—2060年,
每年有20个排放100万吨二氧化碳的
水泥厂装备CCUS。

申请加装
CCUS～

CO₂

交通部门
2020年的排放量为9.5亿吨二氧化碳,
2030年达峰排放量为10亿吨,
2060年下降到1亿吨。

| 9.5亿吨 | 10亿吨 | 1亿吨 |

2020年 2030年 2060年

交通部门剩余排放量大部分来自
航空、航海和长途货运

公路货运周转量占全国的1/3,
但排放量却占货运排放量的80%。
公路货运排放量在2019年达到峰值,约为3.9亿吨。

CO₂ CO₂ CO₂

电气化和氢动力燃料电池车
是公路货运的重要减排手段。

中国发达的公共交通
使中国比美国的客运量高25%,
但能源消费量仅为美国的一半。

氢

中国 2020 年人均住宅面积为 35 平方米，接近欧洲水平。

建筑部门，
2020年的排放量占中国总排放量的20%，
其中25%来自直接排放，75%来自间接排放(供热和供电)。

2020年总排放

20%

25%

75%

太阳能在建筑零碳中发挥着重要作用，2060年的建筑太阳能发电装机达到22亿千瓦。

全国有50%的太阳能发电是安装在建筑上的。

建筑相关的电力需求端管理也越来越重要。2060 年，中国轻型电动汽车存量将达到 3.5 亿辆，相当于 250 亿千瓦时的电化学存储量。

3.5亿辆

250亿千瓦时

这部分储能

一部分用于吸纳建筑太阳能发电

另一部分通过单边控制充电技术来解决电力短缺

建筑物冬季平均日用电量约为100亿千瓦时，刚好可以通过电动汽车储能解决。

参考文献

International Energy Agency. An energy sector roadmap to carbon neutrality in China [R/OL].2021.https://www.iea.org/reports/an-energy-sector-roadmap-to-carbon-neutrality-in-china.

CCUS有多重要？
——国际能源署视角下的中国碳中和之路（8）

在碳中和之路上，电气化、CCUS、低碳氢能和生物质能源是非常关键的4项技术。中国的CCUS贡献迄今为2060年累积减排量的**8%**，占全球近**一半**的累积减排量。

CCUS在2030年以后开始规模化部署，2060年CCUS减排量将达到**26亿吨**，其中通过生物质+CCUS和空气源+CCUS可实现**6.2亿吨**的负碳排放，用以抵消工业和交通的剩余排放。

2060 年，电力部门的 CCUS 减排量将达到 **13 亿吨**，相当于**一半**的 CCUS 减排量。

2060 年，重工业的 CCUS 减排量将达到 **8.2 亿吨**，水泥和化工行业的 CCUS 减排贡献将分别达到 **33%** 和 **13%**。

中国有 5 个二氧化碳地质封存中心——渤海湾盆地、准噶尔盆地和哈密盆地、鄂尔多斯盆地、松辽盆地和四川盆地，可以充分解决周边排放源的捕集和封存问题。

中国陆地 CCUS 地质封存容量约为 **3250 亿吨**，沿海封存容量约为 **770 亿吨**。如果按照每年封存 26 亿吨计算，可以封存 **150 多年**。

根据中国现有重点排放源（工业企业）的位置，**约 45%** 的电厂和工业企业在 100 千米范围内存在二氧化碳封存资源。其中，年排放量为 **33 亿吨**二氧化碳的区域，其 **50 千米**范围内存在二氧化碳地质封存资源；年排放量为 **47 亿吨**二氧化碳的区域，其 **100 千米**范围内有二氧化碳地质封存资源。

参考文献

International Energy Agency. An energy sector roadmap to carbon neutrality in China [R/OL].2021.https://www.iea.org/reports/an-energy-sector-roadmap-to-carbon-neutrality-in-china.

氢能
——国际能源署视角下的中国碳中和之路（9）

氢和氢基燃料可以表现为液态和气态，因此方便长距离运输和储存。

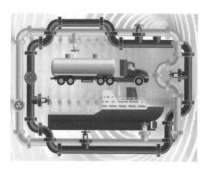

2060 年，氢能或者氢基燃料将达到 0.9 亿吨，占终端能源消费量的 6%，其中 20% 是氨（用于水运）和合成碳氢燃料（用于航空）。

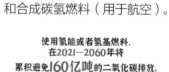
使用氢能或者氢基燃料，在2021—2060年将累积避免160亿吨的二氧化碳排放。

2060年, 80%的氢是通过可再生能源发电后电解制氢得到的,这种技术路线符合中国的工业特点和资源禀赋。

重工业企业需要氢,风能和太阳能资源丰富的地方可以通过氢(可储存和运输的能源与资源)与产业集群紧密联系起来。

2060年,制氢需要近3.3万亿度电,相当于中国总发电量的五分之一。

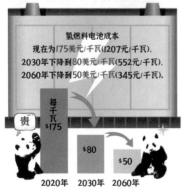

氢燃料电池成本现在为175美元/千瓦(1207元/千瓦),2030年下降到80美元/千瓦(552元/千瓦),2060年下降到50美元/千瓦(345元/千瓦)。

平准化成本是考虑建设和运营后的平均成本。

依据当前的技术水平,在中国西部和北部太阳能和风能资源丰富的地方,采用可再生能源制氢的平准化成本可以降至1美元/千克氢。

氢的专用管线非常重要,是有效联系产氢和用氢的重要基础设施。

参考文献

International Energy Agency. An energy sector roadmap to carbon neutrality in China [R/OL].2021.https://www.iea.org/reports/an-energy-sector-roadmap-to-carbon-neutrality-in-china.